DIRECTEUR
GUSTAVE PHILIPPON
Docteur ès sciences.

LE CUIR

PAR

M. LAMAY

HENRI GAUTIER, éditeur, 55 Quai des Gds Augustins. PARIS.

N° 58 | Il paraît un volume tous les quinze jours

LE CUIR

PAR M. LAMAY

I

HISTORIQUE

Il nous faut remonter très haut dans l'histoire du monde pour trouver des traces de la fabrication des cuirs et, selon toutes probabilités, c'est en Orient que cette industrie a pris naissance. Les premiers hommes se sont taillé dans les peaux des mammifères des vêtements pour se garantir des intempéries des saisons, mais ils se contentaient alors de sécher ces peaux au soleil, après les avoir préalablement lavées et enduites de corps gras, méthode encore employée chez les peuplades primitives de l'Afrique et de l'Amérique.

S'il faut en croire les auteurs de l'antiquité, les Perses, les Babyloniens, les Égyptiens, les Éthiopiens étaient experts en cette fabrication, et leurs produits étaient d'une souplesse et d'une finesse remarquables.

Hérodote raconte que les anciens peuples de Lybie étaient vêtus de cuir tandis que les Ichtyophages, sur les bords de l'Araxes, s'habillaient de peaux de baleine. Homère loue, dans ses poèmes, les magnifiques bottes d'Agamemnon, et Hésiode semble accorder une préférence marquée aux bottines doublées de fourrure.

Pendant longtemps les Grecs, les Phéniciens, les Germains et les anciens Bretons se servirent de cuir pour blinder leurs esquifs en bois de bouleau, le cuivre étant rare dans leur pays. Qui de nous n'a vu ces pirogues indiennes taillées dans une écorce d'arbre recouverte de ce blindage primitif?

Les Égyptiens, les Grecs, les Romains, et en général tous les peuples civilisés de l'antiquité employaient le cuir pour recouvrir les sièges, les lits de repos; ils en faisaient parfois des portières pour décorer leurs temples et leurs appartements. Malheureusement aucune de ces pièces ne nous est parvenue et il est impossible de se faire une idée exacte de leur travail. Ce manque de documents ne nous permet pas de fixer une date, même approximative, à la fabrication qui nous intéresse, et certains archéologues vont même jusqu'à contester l'ancienneté d'origine de cette industrie et croient volontiers que le cuir n'était pas très connu des peuples primitifs, sauf peut-être des Égyptiens et des Perses, et que, dans les anciens écrits, les mots désignant la *peau* et le *cuir* étant identiques ne désignaient le plus souvent que le cuir préparé sommairement, c'est-à-dire lavé, séché et huilé mais non tanné. Selon eux, le tannage aurait une origine de beaucoup postérieure.

Quoi qu'il en soit, il faut aller jusqu'à Pline pour trouver des notes à ce sujet; il nous apprend que l'écorce de chêne, la noix de Galles, l'écorce de sumac et de lotus étaient employées comme substances tannantes. Vers cette époque, les Romains semblent avoir poussé très loin l'art de fabriquer les cuirs, et l'histoire nous rapporte que les chaussures des dames romaines ne le cédaient en rien pour l'élégance à celles de nos jours.

Bennett, dans son traité des antiquités romaines, donne un court aperçu des chaussures portées par les anciens Romains. On appelait *perones* une sorte de hautes bottines grossièrement taillées dans des peaux de bête et atteignant le milieu de la jambe. Les *calcei mullei* (souliers rouges) étaient sans doute ainsi nommés à cause de leur couleur, ce qui donnerait à croire que les Romains possédaient quelques notions sur la teinture des cuirs; tout d'abord c'était la chaussure des rois d'Albanie, ensuite adoptée par les empereurs de Rome. Il y avait aussi les *soleæ* et les *crepidæ*, sortes de sandales sans empeigne, attachées sur le coup de pied à l'aide de brides et de boucles. La *crepida* avait deux semelles tandis que les *soleæ* n'en avaient qu'une. Le premier de ces mots semble dériver du latin *crepitus*, craquement, et, à ce propos, la fable raconte que Vénus, se présentant devant le terrible Momus pour être jugée, celui-ci allait la renvoyer, ne trouvant rien à lui reprocher, lorsque, à un mouvement de la belle déesse, il s'aperçut que ses sandales craquaient un peu trop, grave faute contre l'élégance.

On ne possède que depuis le moyen âge des renseignements précis sur l'emploi du cuir dans la décoration. Bon nombre d'édifices religieux en Angleterre et en Allemagne possèdent encore de magnifiques tentures de ce genre, ouvrées et peintes. Au XIVe siècle, le cuir dit de Hongrie jouissait d'une renommée universelle; il était fort recherché pour tentures et tapis, et les inventaires du roi Charles V et du duc de Bourgogne mentionnent de semblables décorations qui étaient d'une grande richesse. Nous aurons l'occasion, un peu plus loin, de dire quelques mots sur la fabrication des cuirs de Cordoue, ainsi que des fameux *corami* de Venise: c'étaient de véritables tableaux artistement peints et imprimés au fer chaud. Pendant l'époque de la Renaissance ces cuirs gaufrés étaient fort recherchés dans toute l'Europe et surtout dans les Flandres pour recouvrir les sièges et pour tapisser les appartements. Pour ce dernier usage, les peaux habilement cousues représentaient des scènes entières comme les tapisseries de haute lice ; très souvent aussi elles affectaient la forme de rouleaux, comme nos papiers peints modernes, et la peinture, uniforme, formait un champ uni. Au XVe siècle et au XVIe on fabriquait des coffrets, des malles en bois recouvertes de cuirs peints et repoussés, enrichis de fins travaux de ferronnerie; à ces mêmes époques, sous la direction d'amateurs éclairés et des bibliophiles Grolier, les relieurs produisirent de purs chefs-d'œuvre.

L'usage des cuirs employés comme tentures se perdit avec les styles plus gais Louis XIV, Louis XV, Louis XVI, mais depuis quelques années on tente de remettre en faveur ce genre de décorations. Sans parler de ces papiers épais qui imitent à s'y méprendre les anciens cuirs de Cordoue, on a essayé de reprendre cette fabrication; les résultats, bien que très satisfaisants, n'ont cependant pas contenté les vrais connaisseurs qui déplorent toujours la perte des secrets connus des anciens cordouaniers.

II

THÉORIE DU TANNAGE

La peau des animaux, comme toutes les matières organiques provenant des corps vivants, est sujette à la putréfaction, pour peu qu'elle soit humide; si, pour éviter cet inconvénient, on la dessèche, elle devient dure, cornée et presque impossible à manier. L'art de fabriquer les cuirs consiste à rendre les peaux aptes à résister aux influences diverses auxquelles elles sont sujettes, tout en leur donnant des propriétés nouvelles telles que la souplesse, l'imperméabilité, la résistance.

Les cuirs sont ordinairement classés en trois grandes catégories.

I. Les cuirs tannés, traités au tanin.

II. Les cuirs mégissés, préparés à l'aide de sels minéraux.

III. Les cuirs chamoisés, préparés à l'aide de matières grasses.

D'une façon générale, le tanneur est l'ouvrier qui soumet les peaux aux premières opérations de la fabrication des cuirs, le corroyeur (corroïeur) est celui qui met aux peaux tannées la dernière main, qui leur donne la dernière préparation. On convient cependant de distinguer du tanneur le mégissier et le chamoiseur (1).

Pour bien comprendre le but du tannage, il est nécessaire de se faire une idée précise de la constitution anatomique du tissu soumis à cette importante opération.

La peau des mammifères est recouverte extérieurement soit de laine, soit de poils, soit d'écailles, simples productions épidermiques qui prennent naissance dans la partie profonde de l'épiderme. Abstraction faite de ces substances, l'on compte trois couches bien distinctes qui sont, en allant

1. L'étymologie du premier de ces mots est peu connue, mais *chamoiseur*, *chamoiser* viennent de chamois. A l'origine, le tannage aux corps gras a dû être appliqué aux peaux de chamois exclusivement, et par la suite, on a étendu ce procédé aux peaux de mouton, de chèvre, de buffle, etc.

de dehors en dedans, l'*épiderme*, le *derme* ou *chorion* et le *tissu conjonctif*.

La partie superficielle de l'épiderme est écailleuse, formée de cellules aplaties qui se détachent continuellement durant la vie de l'animal par suite des frottements qu'elle subit avec les objets extérieurs. Elle ne participe à aucun phénomène vital, c'est-à-dire que ni les nerfs, ni les vaisseaux ne viennent la pénétrer. Cette couche superficielle puise des éléments nouveaux dans sa partie profonde que l'on nomme *réseau de Malpighi*.

Le *derme* ou *chorion* entre seul en jeu dans la fabrication du cuir. C'est une sorte de lacis dense, formé de fibres qui s'enchevêtrent dans toutes les directions, leurs interstices étant remplis par des substances albuminoïdes. Ces paquets de fibres se terminent, sur la surface supérieure du derme, en petites masses séparées qui produisent sur le cuir cet aspect irrégulier, papillé, connu dans le commerce sous le nom de *grain* ou *fleur*.

Enfin le tissu conjonctif, qui est contigu aux muscles, est un tissu cellulaire très lâche contenant de la graisse et des glandes sudoripares.

La portion fibreuse du derme consiste, chimiquement parlant, en tissu gélatineux qui, selon Reiner, est en tous points analogue à la fibroïne de la soie. Insoluble dans l'eau froide, dans les acides et dans les alcalis faibles, elle se dissout dans l'eau bouillante et dans les solutions concentrées alcalines ou acides.

La portion interfibreuse est de nature albuminoïde. Comme la précédente, elle est soluble dans les acides et dans les alcalis concentrés, mais elle est insoluble dans l'eau.

D'après ce qui précède, l'on voit donc que des peaux abandonnées au contact de l'eau ou de substances chimiques soit alcalines, soit acides, éprouvent certaines modifications que l'on peut régler au gré du tanneur. Les fibres constitutives se désagrègent si bien que des opérations mécaniques fort simples permettent d'enlever facilement les productions épidermiques quelles qu'elles soient, ainsi que l'épiderme. Le chorion se présente alors sous la forme d'une membrane gonflée à demi-translucide.

Si, après cette préparation sommaire, le derme était abandonné à la dessiccation, les faisceaux entrecroisés du plexus fibreux se colleraient les uns aux autres en formant une masse continue, dure et cornée; ayant perdu toute souplesse et toute élasticité.

Le tannage proprement dit a précisément pour but d'empêcher cet accolement des fibres pendant la dessiccation en leur conservant la faculté de glisser les unes sur les autres comme à l'état humide. Cette opinion à laquelle nous nous rangeons est la plus généralement adoptée depuis les expériences que M. Knapp a tentées en 1858. Jusqu'à cette époque les chimistes s'étaient toujours accordés à voir dans l'opération du tannage un phénomène d'ordre essentiellement chimique, dû à la combinaison du principe immédiat de la peau, la gélatine, avec les matières tannantes diversement employées. Le chimiste allemand que nous venons de citer a renversé cette théorie, selon lui erronée, en s'appuyant sur une série d'expériences que nous résumerons ainsi.

1° Les os, — qui contiennent aussi de la gélatine — soumis à l'action du tanin, ne donnent naissance à aucun produit qui offre la moindre analogie avec le cuir « quelle que soit la quantité de tanin employée et quel que soit le temps de contact; »

2° Les corps gras, qui n'ont aucun rapport avec les matières tannantes, peuvent donner de fort beaux cuirs. — Des peaux préalablement soumises au travail préparatoire et plongées dans des acides stéarique, oléique, etc., ont absorbé ces acides sans qu'on ait constaté la moindre modification chimique dans ces derniers;

3° Il n'y a pas combinaison intime entre la peau et les matières tannantes puisque de simples lavages peuvent les séparer de manière que le cuir puisse reprendre son état primitif;

4° Les matières tannantes ne sont pas absorbées par la peau en proportions définies, et elles ne s'unissent pas à celle-ci en raison de leur équivalence chimique;

5° Les peaux peuvent acquérir les propriétés que donne le tannage sans l'emploi des composés tannants;

Cette expérience, qui nous paraît la plus concluante, a servi de point de départ à la méthode de tannage minéral qui est fort appréciée en Allemagne et en Angleterre.

Nous voyons donc que, d'après M. Knapp, l'opération du tannage est un phénomène purement mécanique. La matière tannante, quelle qu'elle soit, ne s'unit pas intimement aux fibres de façon à former un composé chimique, mais elle a pour fonction d'empêcher l'adhérence, de faciliter leur glissement les unes sur les autres en enveloppant « *chaque filament à la manière d'une gaine* ».

Enfin, pour terminer ce chapitre, disons que théoriquement il est possible de tanner toutes les peaux, mais dans la fabrication des cuirs on emploie seulement celle des mammifères, des gros oiseaux, de quelques serpents. On fait un commerce considérable de peaux de bœufs en Amérique, où les troupeaux sont surtout élevés pour fournir à cette industrie bien plutôt qu'en vue des bénéfices qu'on peut tirer de leur chair. Les peaux du bœuf, du buffle, du taureau, arrivent sur les marchés d'Europe, importés du Cap, de l'Amérique centrale, de l'Australie, par Anvers, Liverpool, le Havre. Elles servent à la fabrication des cuirs forts pour semelles, équipements militaires, capotes de voitures, etc.

Les cuirs obtenus des peaux de cheval et de mulet sont employés à faire des harnais, des tabliers, etc

L'éléphant, le rhinocéros, l'hippopotame, la baleine, le marsouin donnent un cuir raide utilisé en mécanique.

Les peaux de mouton, de chèvre, sont utilisées dans la maroquinerie, dans la reliure et pour la cordonnerie fine. Leur résistance est remarquable ; aussi dans les campagnes de la Grèce, de l'Italie et de l'Espagne on en fabrique des outres affectées au transport des vins.

Les peaux de chevreau et d'agneau mégissées servent à faire des gants et des chaussures.

Enfin l'on tanne encore la peau de l'âne, du cochon, du chien, du sanglier, de l'ours, du loup, du rat, du cerf, du daim ; et les peaux si souples dont on se sert pour nettoyer l'argenterie, pour garnir les touches de piano, pour la confection de ces jolis objets de tabletterie, sont des peaux de chamois, de chevreuil, de daim, traitées par le tannage aux corps gras.

Enfin, les peaux du cygne, de l'agami, de l'autruche, de la vipère, du boa constrictor, de l'alligator, du phoque, de l'anguille, etc., sont employées dans ces petites industries si diverses, rangées sous les noms de bimbeloterie, maroquinerie, tabletterie, etc.

Dans cette longue énumération nous allions oublier le roi de la création. La peau de l'homme a excité la convoitise des tanneurs, et surtout des amateurs, s'il faut en croire la marquise de Créqui, qui, dans ses mémoires, cite la tannerie de Meudon comme ayant le monopole de cette fabrication macabre, ce qui donnerait à penser que la peau humaine était d'un usage assez courant au siècle dernier, siècle de la fantaisie.

Tout le monde sait qu'on fit, au fameux général bohémien, Jean Ziska, l'honneur de prendre la peau de son ventre pour en fabriquer un tambour. Le nom d'une sorcière du Yorkshire, Mary Bateman, restera dans la mémoire de tous les bibliophiles, car sa peau, tannée et préparée, servit à relier deux magnifiques éditions appartenant à la bibliothèque de Marlborough House près de Methley, en Angleterre.

De nos jours, un juge parisien — c'est dire qu'il était d'une originalité hardie — n'a pu résister à la tentation de posséder un spécimen unique : il s'est fait fabriquer un porte-cartes avec la peau du célèbre criminel Pranzini. C'est à M. Detresse, de Paris, que fut confié l'honneur de transformer le précieux derme en un objet utile.

On tannait autrefois la peau du lion qui était recommandée par les empiriques contre la gravelle et les maux de reins. Parmi les ceintures faites de ce cuir et mentionnées dans les inventaires royaux on cite celles que possédait le roi Charles V et qui étaient ornées de pierreries du plus grand prix.

III

CUIRS TANNÉS

Parmi les industries anciennes et de nécessité primordiale, il en est peu qui soient restées aussi stationnaires et aussi réfractaires au progrès que celle de la fabrication des cuirs. Il a fallu de patients efforts pour faire comprendre aux directeurs des tanneries — pour la plupart ouvriers eux-mêmes — que la chimie était intimement liée à cette industrie et qu'elle pouvait lui procurer d'immenses avantages. Le tannage, ainsi que les diverses opérations qui concourent à la transformation des peaux en cuir, a de temps immémorial été confié à des ouvriers très habiles en leur art, mais qui se fiaient à leur propre jugement et à une routine invétérée. C'est seulement à la fin du siècle dernier que le tannage reçoit une sanction scientifique, car les savants de cette époque daignent s'en occuper. Les recherches des *Lewis*, *Deyeux*, *Seguin*, *Macbride*, *Prévost*, *Sir Humphrey Davy*, ont montré les connexions intimes qui existaient entre la chimie et le tannage; cependant il a fallu cinquante ans avant que les tanneurs voulussent accepter ces théories nouvelles.

Il serait aussi injuste que blâmable de critiquer les procédés autrefois usités, car les anciens tanneurs ont produit des chefs-d'œuvre, chefs-d'œuvre dont la solidité a été mise à l'épreuve de trois et quatre siècles. Les résultats acquis jusqu'à ce jour semblent, d'ailleurs, donner raison aux partisans des vieilles méthodes, car il n'est rien moins que prouvé que les perfectionnements chimiques et mécaniques aient amélioré les cuirs; certains même affirment le contraire; mais on a fait connaître aux ouvriers de nouvelles substances tannantes, en même temps qu'on leur apprenait à tanner avec plus de rapidité et de sûreté, ce qui est un immense avantage si l'on considère le temps excessif que demande le tannage d'une peau.

Nous pensons qu'une description minutieuse et détaillée des diverses opérations qui doivent transformer une peau de mammifère en cuir serait aussi peu intéressante que difficile à faire entrer dans les limites de cet opuscule, car les procédés diffèrent souvent d'une tannerie à l'autre, bien que le principe soit toujours le même. Un outillage mécanique perfectionné a apporté de notables changements et abrégé de beaucoup la main-d'œuvre dans les établissements importants. Les petites tanneries s'en tiennent encore aux procédés purement manuels; ce sont ceux-là que nous décrirons seulement; ils suffiront pour permettre à nos lecteurs de se faire une idée approximative mais juste de cette importante industrie.

Les peaux arrivent dans les tanneries sous trois états différents : elles sont fraîches, salées ou simplement séchées. Les principales opérations qu'elles doivent subir avant d'être livrées au commerce sont : 1° *le travail de rivière*, 2° *le pelanage* ou *épilage*, 3° *les passeries* et *refaisages*, 4° *le tannage*, 5° *le séchage* et 6°, enfin, *le corroyage* qui comprend lui-même plusieurs manipulations.

Les matériaux tannants sont extrêmement nombreux, et il serait fastidieux de les énumérer en entier, toutefois on convient de les diviser en écorces, bois, feuilles, excroissances et fruits.

Parmi les premières l'écorce de chêne est incontestablement la plus employée, elle contient de 9 à 12 0/0 de tanin. On compte encore : les écorces de hemloch (10 0/0), de sapin (8 0/0), de pin, de mélèze (10 0/0), d'aulne (15 0/0), de saule (10 à 15 0/0), de grenadier, d'orme, de merisier, de bouleau, de peuplier, etc. Quelques espèces d'acacias extrêmement riches en tanin sont très recherchées parce qu'elles communiquent aux peaux une couleur fort appréciée.

Parmi les bois tannants, on compte le châtaignier (4 à 15 0/0 de tanin), le quebracho, le chêne (5 0/0), le buis (4 à 8 0/0) etc.

Les feuilles de sumac (20 à 24 0/0), de manglier (22 0/0), de pistachier 12 0/0), d'acacia vestita (15 0/0) etc., donnent de beaux résultats.

L'excroissance connue sous le nom de noix de Galles renferme de 35 à 65 0/0 de tanin.

Enfin, parmi les fruits tannants, citons ceux du divi-divi (30 à 35 0/0), de l'acacia arabica (30 0/0), du caroubier (55 0/0), de l'aulne (15 0/0), etc.

1. *Travail de rivière.* — Le but de ce travail est de débarrasser les peaux de toutes les impuretés qui les salissent ; celles qui sont sèches sont mises à reverdir, c'est-à-dire à tremper dans une eau maintenue à une température de 20 degrés. Le reverdissage demande de quinze à seize jours ; on a soin de changer l'eau tous les deux ou trois jours

environ afin d'éviter toute fermentation. Il faut aussi empêcher les brusques variations de température qui enlèveraient au cuir toute élasticité. Les peaux fraîches ne restent dans l'eau que deux jours environ, après lesquels l'ouvrier les nettoie sur place à l'aide d'un couteau demi-rond à tranchant émoussé. Les peaux salées sont traitées de la même façon, avec cette différence qu'on les laisse tremper un peu plus longtemps.

Souvent on accélère le reverdissage en ajoutant à l'eau des cuves de la chaux ou des alcalis caustiques. Le travail des peaux fraîches ou salées se fait généralement au bord de rivières, d'où le nom donné à cette première opération.

II. *Pelanage, épilage.* — Les peaux nettoyées sont mises à fermenter afin de faciliter l'épilage; mais cette fermentation (*échauffe*) ne doit pas être poussée trop loin ; on l'arrête dès que le poil s'arrache sans difficulté.

Il y a plusieurs façons de procéder :

1° L'*échauffe* naturelle dans laquelle les peaux sont pliées en quatre, poils en dedans, et empilées les unes sur les autres à l'air libre.

2° L'*échauffe* à étuve dans laquelle les peaux sont pendues dans un tendoir dans lequel il y a du feu. L'opération est ainsi considérablement hâtée; elle dure à peine deux jours.

3° L'*échauffe* à vapeur qui consiste à suspendre les peaux dans une chambre dans laquelle on fait arriver un jet de vapeur d'eau à 20 ou 25°. Grâce à ce procédé, l'échauffe dure à peine de quinze à dix-huit heures, mais il demande une surveillance active afin d'éviter la production de gélatine ou encore les *piqûres* qui détériorent les cuirs.

4° Dans l'*échauffe* à la façon américaine, le débourrage dure de sept à huit jours, mais il offre le grand avantage de ne pas détériorer les peaux. Celles-ci sont suspendues dans une pièce dont on sature l'air d'humidité en faisant couler de l'eau froide le long des murs. La température est maintenue entre 7 et 12°.

On a encore trouvé beaucoup d'autres procédés pour hâter le débourrage, les uns consistent à employer la chaux, ou l'aluminate, le zincate et le silicate de soude, ou encore l'ammoniaque, des sulfures de sodium et de baryum. Le procédé au charbon, dû à Anderson, qui en a pris brevet en 1874, est très recommandé, car il a toujours donné de bons résultats.

Dès que les peaux sont débourrées on procède à l'épilage. Elles sont plongées une heure ou deux dans l'eau, égouttées, puis saupoudrées, soit de sable fin, soit de cendre. On les étend ensuite sur une table de marbre ou de pierre et on les frotte de bas en haut avec un couteau convexe, pour enlever les poils qui ne tardent d'ailleurs pas à disparaître. On a soin d'enlever avec un couteau tranchant les chairs qui peuvent adhérer, et d'égaliser le grain. Ces deux opérations sont connues sous le nom d'écharnage et de queursage; dans la plupart des tanneries elles se font en même temps à l'aide d'une machine fort simple.

III. *Passeries, refaisages.* — Ce travail est préparatoire à l'opération du tannage. Il a pour but de faire gonfler les peaux afin de leur permettre de mieux absorber les principes actifs du tanin; à cet effet les peaux sont disposées dans des fosses remplies de *jusées*, c'est-à-dire de liquide ayant servi à des tannages précédents. On emploie aussi concurremment — et beaucoup de tanneurs le préfèrent — une dissolution de sels calcaires. La pratique seule permet de régler la conduite de ces passeries et refaisages qui sont souvent activées par l'addition d'acides minéraux ou organiques. La température ordinaire est de 12° et la durée de cette opération varie avec le nombre des cuves, car les peaux doivent être transportées d'un liquide très faible dans un liquide plus fort jusqu'à ce qu'on ait obtenu le gonflement désiré. Le transport dans un jus trop faible annulerait l'immersion précédente, et une trop grande disproportion entre le degré de concentration des jusées serait nuisible aux cuirs, qu'elle rendrait durs et cassants. Le plus généralement l'immersion dure deux jours pour chaque degré de concentration.

IV. *Tannage.* — Après les passeries et les refaisages on procède au tannage proprement dit, c'est-à-dire à la mise en fosses. Ces fosses, de 3 mètres de diamètre sur 3 mètres de largeur environ, sont construites en bois ou bien en briques cimentées recouvertes à l'intérieur d'une sorte de mélange composé de sang et de chaux. Cet enduit a pour but d'empêcher le contact avec l'oxyde de fer contenu dans les matériaux. Les matières tannantes pulvérisées à l'aide d'un appareil qui ressemble assez à un gigantesque moulin à café sont disposées en couche d'une épaisseur qui varie de 20 à 25 centimètres. Une cheminée est ensuite disposée le long de la paroi, et l'on empile les peaux, la chair en dessus, par couches alternant avec des couches de tan jusqu'à ce que le bord de la fosse soit atteint. Il faut surtout éviter soigneusement de faire des plis dans les peaux, et les parties qui ne peuvent être aplanies doivent être fendues. Le remplissage achevé, on ajoute une dernière couche de tan que l'on recouvre de planches (le *chapeau*) sur lesquelles on pose de lourdes pierres. On fait alors descendre par la cheminée la liqueur de tan graduée et dosée à l'aide de divers procédés qu'il est inutile de décrire ici. Cette première mise en fosses est bientôt suivie de deux autres, car les couches de tan doivent être renouvelées; on a d'ailleurs calculé qu'il fallait environ 3 kilogrammes d'écorce pour tanner un kilogramme de peau. La durée des mises en fosses varie selon la qualité des cuirs et surtout selon l'épaisseur de la peau. Une peau ordinaire reste de deux à trois mois dans la première fosse, de quatre à cinq mois dans la deuxième, de trois à quatre mois dans la troisième, cela donne une moyenne de neuf à douze mois pour un tannage effectué dans les conditions normales. Une peau de bœuf ou de buffle demande dix-huit à vingt mois, tandis qu'il faut trois ans pour tanner une peau d'éléphant et six ans pour la peau de la vache marine.

Il est de toute importance d'éviter : 1° les variations brusques de température qui doit varier entre 12° et 15° ; 2° l'emploi des eaux séléniteuses, c'est-à-dire trop chargées de sulfates calcaires, 3° une hauteur trop grande des fosses; 4° l'amoindrissement de la concentration des tannées dans les changements de fosses, ce qui ferait perdre les bénéfices gagnés dans les immersions précédentes.

L'opération que nous venons de décrire s'applique aux cuirs forts, mais quand il s'agit de tanner les cuirs mous, dont la fleur est plus délicate, on procède avec plus de soin. Les fosses sont remplacées par des coudreuses (1) afin de faciliter la graduation des bains, et les peaux suspendues à des tringles métalliques trempent dans la liqueur qui est agitée par une hélice mise en mouvement par la vapeur.

V. *Séchage.* — Les peaux retirées des fosses sont nettoyées avec des brosses, lavées, puis séchées, soit à l'air libre, soit dans des séchoirs, sortes de chambres dans lesquelles on injecte de l'air chauffé entre 20 et 25°. Un séchage lent et méthodique donne les meilleurs résultats. En Amérique, on préfère chauffer directement la salle à l'aide de poêles ou de braseros. Les cuirs sont ensuite battus, afin d'égaliser leur épaisseur, avec un maillet en bois dur ; ce travail se trouve maintenant très simplifié par l'emploi de la machine Berendorf.

Traitement des cuirs tannés. — Lorsque, au sortir des fosses, on s'aperçoit de quelques défectuosités dans les peaux, on soumet celles-ci à un second tannage à base de jus acides ou d'extraits concentrés. Celles qui offrent une mauvaise coloration sont traitées avec un mélange d'extrait de châtaignes, d'extrait de valonées, d'acide oxalique dissous dans l'eau. De même celles qui sont trop colorées sont soumises soit à des solutions d'hypochlorite de soude, soit à l'action de l'eau oxygénée. Les taches de graisses sont enlevées à l'aide d'alcalis carbonatés, sulfurés ou saponaires.

Les sels d'étain employés avec mesure donnent aux cuirs une fort belle apparence.

CORROYAGE (2)

Le cuir simplement tanné est comparativement dur et difficile à manier; le corroyeur retravaille les peaux afin de

1. On appelle *coudreuses* des récipients spéciaux dans lesquels on suspend les peaux pour les imprégner du liquide tannant.

2. Les mots *corroierie*, *corroyage* viennent du latin *coriarus*, dérivé lui-même de *corium*, cuir.

les adoucir, de les assouplir, en un mot de les rendre propre aux divers usages de la cordonnerie, de la sellerie, de la carrosserie, etc. Les peaux épaisses que l'on emploie pour semelles, pour grosses courroies et autres travaux de ce genre, ne sont pas corroyées, elles sont livrées au commerce en quittant la tannerie.

Les opérations du corroyage sont variées et complexes, chaque genre de cuir recevant un traitement particulier ; l'outillage mécanique a lui-même de beaucoup changé l'ordre du travail, aussi il est assez difficile de donner une description détaillée de cette branche de l'industrie des cuirs. Nous essaierons de l'esquisser en ses grandes lignes en prenant pour type le veau ciré qui est l'une des variétés le plus fréquemment employées.

Nous dirons aussi que les produits de la corroierie reçoivent un grand nombre de dénominations selon la façon dont ils ont été travaillés. Il y a les cuirs cirés, les cuirs lissés, les veaux cirés, les veaux grenés, les vaches d'Angleterre, les vaches en suif et à grain, les veaux vernis, etc., etc. Les corroyeurs appellent *vache*, les bœufs de petite taille dont la peau ne peut donner du cuir fort. Les *croûtes* sont des peaux de bœuf que l'on dédouble en deux, trois parties, suivant leur épaisseur. La portion qui renferme la fleur est encore appelée *vache* par analogie avec le cuir des petits bœufs dont nous venons de parler ; elle est surtout employée dans la fabrication des cuirs vernis, l'autre portion se nomme croûte ; elle sert à des usages inférieurs.

En supposant que la corroierie forme une industrie tout à fait distincte de la tannerie, les principales opérations du corroyeur sont :

1° Le défonçage ou foulage précédé du trempage : — 2° le butage, — 3° le drayage ou dolage, — 4° le paumelage ou margueritage, — 5° l'étirage ou mise au vent, — 6° la mise en huile, — 7° le cirage ou teinture, — 8° le finissage.

1. *Foulage.* — Cette opération est naturellement évitée dans les grands établissements, où, au sortir des fosses, les peaux sont triées. Celles qui doivent donner des cuirs à semelles sont seules mises à sécher, les autres sont dirigées immédiatement vers les ateliers de corroierie. En supposant

les peaux uniformément séchées, l'ouvrier les met à détremper; il place chacune d'elles sur une claie et la foule aux pieds avec une espèce de souliers à trois semelles dits *escarpins de boutique*. On se sert aussi de la *bigorne*, sorte de massue en bois armée de quatre dents.

2. *Butage*. 3. *Drayage*. — Ces opérations se font presque toujours ensemble. Buter une peau, c'est en faire disparaître les parties filamenteuses légèrement adhérentes, c'est la nettoyer. Drayer un cuir, c'est en égaliser l'épaisseur.

On se sert soit du butoir sourd, soit du butoir tranchant, soit encore du couteau à revers ; à Paris c'est ce dernier instrument qui est employé à l'exclusion des autres; il est, paraît-il, d'importation anglaise. C'est une lame plate et droite à deux tranchants mesurant de 27 à 30 centimètres en longueur sur 14 à 16 centimètres en largeur. Elle est munie à ses deux extrémités de deux manches ; l'un horizontal, l'autre qui lui est perpendiculaire, ce qui permet de la conduire verticalement sur la peau. Les corroyeurs se servent indifféremment du chevalet droit dit *anglais*, ou du chevalet incliné dit *français*. Cependant beaucoup préfèrent la table.

4. *Paumelage* ou *margueritage*. — Ces manipulations sont faites en vue de relever la fleur du cuir que la dessiccation avait rendue plate et inégale. On se sert de la *paumelle* et de la *marguerite*. La paumelle, ainsi que son nom l'indique, sert à garantir la paume de la main. C'est un morceau de bois dur mesurant environ 33 centimètres de long, sur 14 centimètres de large. Le dessus est plat et uni, tandis que le dessous fortement bombé est couvert, dans le sens de la largeur, de sillons droits et parallèles. Les sillons des grosses paumelles atteignent de 2 à 5 millimètres de profondeur. Une lanière en cuir (*la manicle*) placée au milieu retient l'instrument sur la main. On fait aussi des paumelles en liège pour les cuirs délicats.

La *marguerite* est plus grande, car elle mesure jusqu'à 48 centimètres de longueur sur une largeur variable ; les sillons sont proportionnés aux autres dimensions. La manicle plus épaisse, fixée à l'une des extrémités, permet d'y passer le bras, tandis qu'une grosse cheville placée à l'autre extrémité sert d'appui à la main.

La peau est étendue sur une table et l'ouvrier y passe et repasse dans tous les sens, d'un mouvement uniforme, la paumelle d'abord, puis la marguerite.

5. *Étirage* ou *mise au vent*. — On soumet les peaux à cette opération pour déplacer le trop plein de cuir des parties épaisses, du collet par exemple, et le répartir sur les autres parties plus minces.

L'étire, aujourd'hui remplacée par la machine à mouvements universels, est une plaque soit en fer, soit en cuivre, mesurant 15 centimètres de long sur une largeur de 10 centimètres. L'extrémité supérieure est surmontée d'un manche en bois horizontal, la partie inférieure est terminée par un tranchant mousse. L'ouvrier travaille sur une table : la peau étendue devant lui, il frotte vigoureusement l'outil sur les parties épaisses refoulant en quelque sorte les tissus.

6. *Mise en huile*. — Il y a deux mises en huile. La mise en huile de fleur et la mise en huile de chair. La première consiste à appliquer en couche mince et du côté de la fleur un mélange de suif fondu et d'huile de baleine. Il faut deux ou trois jours pour que le cuir soit bien imprégné de cette composition.

La mise en huile de chair consiste à étendre du côté de la chair un mélange de *dégras* (matières grasses provenant de la chamoiserie) d'huile animale et de suif. On laisse sécher cinq à six jours au bout desquels on enlève à l'aide d'un couteau à tranchant émoussé la matière grasse qui n'a pu pénétrer dans le cuir.

7. *Le cirage ou teinture*. — Il y a différentes sortes de cirages, presque tous à base d'huiles végétales siccatives; un des plus fréquemment employés est composé d'huile de lin, d'huile de foie de morue, de noir de fumée. Si l'on veut obtenir des cuirs colorés, on ne les cire pas mais on les trempe dans des teintures à base de sels minéraux.

8. *Finissage* — C'est la dernière manipulation que l'on fait subir à la peau, elle est destinée à donner le coup d'œil,

le fini que l'on exige sur les marchés. Ce travail, qui demande une grande délicatesse de main, consiste à appliquer une pâte bien homogène formée de 60 parties de colle de peau pour 40 parties de suif ; l'ouvrier étend cette mixture bien uniformément avec une brosse douce, il la laisse sécher pendant cinq à six heures, puis il passe une couche de gélatine brillante. La peau est prête à être livrée au commerce.

Cuirs lissés. — Dans cette variété, les cuirs, après avoir subi les opérations précédemment décrites jusqu'au cirage, sont passés en suif, noircis, et mis en presse pendant quelques jours, lustrés jusqu'à ce que toute trace de grain ou de fleur ait disparu.

Cuirs vernis. —L'industrie des cuirs vernis a été créée en France au commencement de ce siècle par M. Plumner, de Pont-Audemer ; depuis elle n'a cessé de prospérer, et de nos jours les produits français jouissent d'une renommée universelle, malgré la concurrence qu'ils ont à soutenir contre les produits allemands. Les compositions de vernis varient à l'infini, aussi bien pour les vernis noirs que pour les vernis de couleur, la coloration des premiers est donnée par du noir de fumée et du bleu de Prusse. Les principaux corps qui entrent dans la composition du vernis, à l'exclusion des matières colorantes, sont : le bitume de Judée, le vernis gras au copal, l'huile de lin cuite et lithargée, l'essence de térébenthine. Nous avons déjà dit plus haut qu'on employait surtout les croûtes à la fabrication des cuirs vernis, ou pour mieux dire cette partie des croûtes que l'on nomme vache. Avant de procéder au vernissage, on fait subir aux cuirs tannés et corroyés diverses préparations, telles que le ponçage afin d'égaliser leur surface, l'encollage, la mise en teinte, l'apprêt, et enfin un deuxième ponçage avec la pierre ponce pulvérisée. On passe ensuite trois couches de vernis uniformément étendues, à vingt-quatre heures d'intervalle, en ayant soin de se mettre à l'abri des poussières.

Parmi les cuirs tannés d'importation étrangère il nous faut mentionner le maroquin et le cuir de Russie qui sont les plus répandus.

Le *maroquin* est sans doute originaire du Maroc ; il a de

tout temps été excellemment fabriqué dans le Levant, en Turquie d'Europe, en Turquie d'Asie, en Tartarie, dans l'île de Chypre. Les procédés étaient tenus cachés, et on ne sait vraiment rien de précis sur la date de sa fabrication en Hongrie, en Espagne et dans toute l'Europe. Les peaux de mouton et de chèvre sont tannées à l'écorce de sumac, corroyées et teintées en couleurs brillantes et variées.

On ignore à quelle époque a commencé en France la fabrication du maroquin. D'après M. Desbillèles, on préparait ce cuir à Paris en 1665, et un certain M. Garon établit vers 1720, dans le faubourg Saint-Antoine, une manufacture de maroquins rouges et noirs. « En l'année 1765, un établis-« sement spécialement affecté à cette industrie, et qui avait « été fondé vers 1749, fut érigé par lettres patentes en ma-« nufacture royale avec tous les privilèges attachés à ce « titre. »

A notre avis, la fabrication du maroquin serait de date beaucoup plus ancienne en France, car tout porte à croire que ces cuirs étaient connus au moyen âge, où ceux de Provence étaient renommés. Rabelais fait dire à Pantagruel : « De la peau (de ces moutons) seront faictz les beaux mar-« roquins lesquels on vendra pour marroquins Turquinson « de Montélimart ou de Hespaigne pour le pire. »

Si nous interprétons bien ce passage de M. de Laborde, le cuir aurait été imité peu après l'expulsion des Maures en Espagne. « Le cordouan était le cuir fabriqué par les Arabes « à Cordoue, et le nom s'étendit à toutes les imitations, « aussi longtemps que les Arabes eurent une industrie en « Espagne ; plus tard, on fit venir ces mêmes peaux de la « côte de la Barbarie, et plus particulièrement du Maroc ; « de ce moment, le cordouan fut appelé maroquin et maro-« quin du Levant. Toutes les imitations de ces cuirs, même « ceux d'Espagne, passèrent dans le commerce sous le nom « de maroquin. »

Cuir de Russie. — Les cuirs de Russie, autrefois exclusifs à ce pays, sont maintenant obtenus dans tous les grands centres manufacturiers ; on pousse même si loin l'imitation qu'il est parfois facile de s'y tromper *à priori*. Le vrai cuir de Russie doit conserver jusqu'à la fin cette odeur fine et particulière qui le caractérise, tandis que ce parfum ne tarde pas à disparaître dans le cuir imité. Les peaux sont préparées au moyen des anciens systèmes : d'abord gonflées dans des jusées à la levure de bière mélangée de sel et de farine, elles sont ensuite suspendues dans des cuves contenant des décoctions d'écorces de saule, de pin et de bouleau. Tous les deux jours le contenu des cuves est remplacé par une décoction plus concentrée et ce tannage dure de vingt-cinq à trente jours. Pour la mise en huile, on emploie un mélange d'huile de phoque et d'une huile végétale quelconque dans laquelle on fait distiller des écorces de bouleau et d'andromède. La teinture s'obtient avec la cochenille et le bois du Brésil, ou encore avec le bois de santal et de Pernambouc.

Qualité des cuirs tannés. — La bonne qualité d'un cuir tanné se reconnaît à la coupe, et cette coupe est de préférence effectuée sur les parties les plus épaisses de la peau telles que la culée, la gorge ou le dos. Un cuir bien préparé doit présenter intérieurement l'aspect d'une muscade ouverte, la couleur doit être uniforme excepté sur la fleur, le nerf doit être serré.

Au contraire un cuir dont la fabrication n'a pas été parfaite offre un tissu lâche et inégal, sa coupe jaunâtre est sillonnée de raies brunes ou blanches. Ces défauts peuvent provenir soit d'un trop long séjour dans les fosses, soit d'un défaut de température et d'hygrométrie, soit de la stagnation des eaux qui ramollissent le cuir au lieu de le dilater et produisent sur la surface des sortes de taches que l'on nomme piqûres. Une immersion trop prolongée dans des eaux additionnées de chaux brûle les peaux qui se déchirent au moindre effort. Des passeries mal conduites donnent des cuirs *corneux* et impossibles à manier, parce que le tan n'a pu pénétrer complètement dans la texture intime du derme. Une fermentation peu surveillée donne naissance à des vers qui rongent les peaux et y font des trous presque imperceptibles nommés *verdelets*. Le cuir n'en est pas moins détérioré. Les vérificateurs de fournitures militaires et les négociants emploient un procédé fort simple pour juger de la qualité des cuirs : il consiste à faire tomber une goutte d'eau sur la fleur. Si cette goutte au lieu de s'étendre et de s'absorber garde sa forme elliptique, il y a beaucoup de chances pour que la fabrication soit parfaite.

Il existe encore un autre moyen indiqué par Dessables, mais qui n'est guère usité dans la pratique malgré sa grande simplicité : « Ce serait de mettre dans l'eau un morceau de « cuir qu'on aurait pesé auparavant et de le laisser tremper « pendant quelques jours. Si, en sortant de l'eau, ce cuir « avait acquis un poids considérable, relativement à son « volume, on serait convaincu qu'il est spongieux et par « conséquent mal tanné; si, au contraire, son poids se « trouvait, à peu de chose près, le même qu'avant d'avoir « été mis dans l'eau, on pourrait dire, sans crainte de se « tromper, qu'il est de bonne qualité. »

IV

CUIRS MÉGISSÉS

Les cuirs mégissés nous viennent de Hongrie, mais cette fabrication a été imitée avec succès en France, vers le milieu du XVIe siècle. On s'est plu à dire que la méthode dite hongroise (hongroyage) fut importée du Sénégal vers le moyen âge; quoi qu'on pense de cette assertion, ce furent deux tanneurs autrichiens, dont un nommé Lasmagne, qui fondèrent vers 1584, à Neufchâtel, en Lorraine, la première mégisserie. De là ils allèrent s'établir à Saint-Dizier en Champagne, et finalement à Paris, où leurs ateliers acquirent bientôt une réputation européenne. Nous avons déjà vu que ces beaux cuirs blancs mégissés de Hongrie étaient fort renommés au moyen âge concurremment avec les cuirs de Cordoue; leur fabrication mi-partie aux sels minéraux, mi-partie aux corps gras a été le point de départ du tannage minéral proprement dit, dans lequel les sels minéraux sont seuls employés.

On ne sait encore rien de précis sur les matières employées dans la fabrication primitive; beaucoup s'accordent cependant à penser que le chlorure de sodium a longtemps été le seul agent tannant avant que l'action des sels d'alun et d'alumine fût découverte.

En France, les premiers essais de tannage minéral furent tentés en 1840 par Darcey qui tannait au sulfate de peroxyde de fer, mais son procédé fut accueilli sans enthousiasme. En 1856 Friedel proposa l'oxyde de zinc et d'alumine. Ce nouveau mode de tannage n'attira l'attention des tanneurs qu'en 1858, après que Knapp eut renversé l'ancienne théorie pour lui en substituer une autre basée sur des expériences personnelles, et qu'il eut inventé le tannage minéral aux sels basiques dans lequel le principe tannant est représenté par un sel basique d'oxyde de fer.

On compte encore le tannage à la pyrofuchsine présenté par M. Remisch. Ce procédé, outre qu'il est très compliqué, n'a jusqu'à présent donné que des résultats peu satisfaisants, on lui préfère en Allemagne le procédé Heinzerling aux sels de chrome qui donne de fort beaux produits. M. Starck, de Mayence, a obtenu un cuir transparent d'une extrême solidité qui sert à fabriquer d'excellentes courroies. Les peaux dépilées et nettoyées sont traitées par un mélange de 1.000 parties de glycérine à 26° Baumé, 3 parties d'acide salicylique, 2 d'acide picrique et 25 d'acide borique. Avant le séchage complet, elles sont transportées dans une chambre noire pour être séchées à fond après avoir été imbibées d'une solution de bichromate de potasse. Puis, comme dernière opération, on les recouvre d'une solution alcoolique de gomme laque; le cuir reste transparent.

En vue d'accélérer le tannage, on mégit les cuirs grossiers affectés aux usages secondaires, aux équipements militaires, etc.; mais ces peaux ainsi préparées ne sont en aucun point comparables aux cuirs tannés, et l'on préfère de beaucoup ces derniers. L'art de la mégisserie est surtout appliqué aux peaux de mouton, de chèvre, d'agneau, de chevreau, pour les usages de la cordonnerie fine, de la ganterie, de la tabletterie, bimbeloterie, etc...

Les peaux soumises aux opérations préparatoires que nous avons décrites au chapitre précédent, telles que travail de rivière, bourrage, épilage, etc... sont trempées dans la solution tannante à base de sels minéraux. Deux ou trois heures suffisent pour que le tannage soit achevé. Si le cuir laisse quelque peu à désirer, l'on procède à une deuxième immersion. Les produits de la mégisserie sont d'un beau blanc, d'où le nom de cuirs blancs par lequel ils sont souvent désignés. On les teint en toutes nuances, et les déchets qui tombent sont utilisés par les droguistes et les parfumeurs pour recouvrir les bouchons de leurs flacons, par les cordonniers pour doubler l'intérieur des chaussures, etc.

Les peaux de chevreaux mégissées constituent une branche importante dans l'industrie française; elles servent à confectionner ces gants qui jouissent à l'étranger d'une faveur marquée. Annonay est un grand centre de cette fabrication. Une imitation des peaux de chevreaux est très heureusement réussie en Allemagne, en Autriche et en Danemark, en mégissant des peaux d'agneau; mais ces dernières sont beaucoup moins souples et moins fines.

V

CUIRS CHAMOISÉS

Le chamoisage est certainement le procédé primitif par excellence à l'aide duquel les premiers hommes préparaient leurs cuirs, car son principe est encore usité chez les peuplades à demi-civilisées du Nouveau Monde et de l'Afrique. Le procédé dit *à la cervelle de bœuf*, et dont nous dirons quelques mots plus loin, est évidemment une sorte de chamoisage. Il y a loin, cependant, du travail ancien à celui de nos jours, et il faut actuellement une grande habitude et une habileté consommée pour arriver à livrer les peaux chamoisées telles qu'elles sont exigées par l'acheteur.

Théoriquement parlant on peut *passer en chamois* toutes sortes de peaux, mais les peaux de mouton, de chèvre, de daim, d'antilope, sont celles qui sont le plus généralement traitées de cette façon. On leur fait subir les mêmes opérations préparatoires qu'aux cuirs tannés; souvent on les débourre à la chaux et on les soumet à des lavages répétés à l'eau de son; elles sont ensuite rincées dans une liqueur acide, puis étendues et étirées. On les enduit ensuite d'une couche épaisse de matière grasse, d'huile de poisson ordinairement, et on les soumet à l'action de forts pilons qui forcent le corps gras à pénétrer dans le derme. On les étire de nouveau en tous sens, on les suspend pendant quelques heures, et on les huile une deuxième et même une troisième fois, selon leur épaisseur. Après que ces peaux sont bien imprégnées on les sèche, on les empile dans une chambre chauffée pour faciliter un commencement de fermentation. Aussitôt qu'elles se teintent de jaune pâle et qu'elles acquièrent une odeur particulière qui ne rappelle en rien celle de l'huile de poisson, on arrête la fermentation et le chamoisage est terminé. Des expériences récentes ont prouvé que la moitié environ des substances grasses se combine intimement avec les fibres tandis que l'autre moitié imprègne simplement la peau. L'excès d'huile qui n'a pu pénétrer dans les tissus est enlevé par une solution de potasse; on le recueille sous le nom de *dégras* et nous avons vu qu'il était utilisé pour la mise en huile de chair par le corroyeur.

VI

PROCÉDÉS ANCIENS. — PROCÉDÉS NOUVEAUX

Les anciens procédés varient à l'infini selon les habitudes locales, et ces modifications portent surtout sur les matières employées pour le gonflement des peaux. Au lieu des jusées de tan ou de chaux on s'est servi de son, de farine d'orge, de levure de bière dans le Nord, et les cuirs ainsi traités étaient appelés cuirs à l'orge, cuirs à la levure de bière, etc. Dans l'île de Chypre et dans quelques contrées de la Valachie et de la Transylvanie l'on employait et l'on emploie encore pour les passeries des confits de son et de figues.

M. Delalande, qui écrivait vers 1826, nous cite un curieux mode de teinture usité, selon lui, chez les Lapons. Nous laissons d'ailleurs à cet auteur toute la responsabilité de son assertion : « Les Lapons — dit-il — pour rougir « leurs cuirs, les humectent avec leur salive; après cela ils « mâchent la racine de tormentille et frottent les cuirs avec « ce marc qui donne une couleur rouge passablement « belle. » M. Delalande croit que cette teinture est due à la combinaison des sucs de la plante avec « le sel urineux de la salive ». Nous avouons qu'il y a de quoi rendre rêveur un physiologiste s'il se représente la quantité énorme de salive à sécréter pour teindre une peau, fût-ce seulement celle d'un renne.

D'après une note communiquée par sir Robert Southwell à la Société royale de Londres, les anciennes peuplades de la Virginie se servaient d'un moyen aussi simple qu'expéditif pour tanner les peaux de daim.

« Aussitôt que la peau est enlevée, ils l'étendent pour la « faire sécher ; ils retirent ensuite la cervelle de l'animal « qu'ils font sécher aussi au soleil, sur l'herbe sèche ou sur « la mousse. Quand la saison de la chasse est passée, les « femmes préparent les peaux en les faisant d'abord trem- « per dans une mare d'eau ; elles en enlèvent ensuite toute « trace de chair, de poil, avec un vieux couteau, et mettent « ces peaux dans un grand pot de terre, en y ajoutant la « cervelle dont nous avons parlé ; puis elles font chauffer à « environ 35° C, ce qui les fait mousser et les nettoie par- « faitement. Alors, elles retirent les peaux de la chaudière « de terre, les tordent, sans en faire sortir l'eau, et les « étendent sur un râtelier composé de deux pieux perpen- « diculaires et de deux bâtons placés horizontalement.

« Avec des cordes, elles les tendent en tous sens, et, « pendant qu'elles se sèchent, elles les frottent constam- « ment avec une pierre ou un morceau de bois dur et « arrondi, pour en faire sortir l'eau et la graisse, jusqu'à « ce qu'elles soient parfaitement sèches. L'opération est « alors terminée.

« Une femme peut, dans un seul jour, préparer huit ou « dix de ces peaux (1) ».

Ce procédé est loin d'être exclusif aux peuplades de la Virginie, car il était connu de tous les Indiens de l'Amérique du Nord et il est encore usité chez les rares tribus qui n'ont pas été anéanties par la conquête. M. Virlet d'Aoust a pensé que la cervelle n'était pas suffisante pour tanner une peau et qu'elle « servait de véhicule à une poudre tan-

1. *Nouveau Manuel complet du tanneur maroquinier*, de W. Maigne, 1883.

« nante qui varierait suivant chaque contrée ». A notre avis, nous ne voyons guère la nécessité d'un autre agent, car le procédé indien, usité en Europe, et connu sous le nom de « procédé à la cervelle de bœuf » donne de fort beaux cuirs, sans qu'il soit besoin de poudre spéciale. Les peaux trempées et débourrées sont enduites d'une pâte semi-fluide composée de 25 parties de farine, 2,5 de cervelle de bœuf, 12,5 de lait, 5 de sel et 3,5 de graisse animale. Elles sont ensuite foulées pour leur faire absorber le mélange jusqu'à saturation. Il faut une moyenne de trois jours pour tanner une peau de bœuf, seize heures suffisent pour une peau de jeune veau.

Les femmes kalmoucks préparent de fort jolies peaux d'agneau à l'aide d'un procédé également très simple. Elles lavent les peaux à l'eau tiède, les étendent en plein air jusqu'à ce qu'elles soient à moitié sèches; elles les râclent ensuite soigneusement afin d'enlever toute trace de chair et de laine, puis les étendent de nouveau sur le gazon.

Ces peaux sont alors enduites pendant trois jours consécutifs, et trois fois chaque journée, d'un mélange composé de lait de vache bien aigri et de sel. Le quatrième jour elles sont étirées, séchées, froissées en tous sens avec les mains, sur des tables ou sur des pierres, jusqu'à ce qu'elles aient acquis le degré de souplesse désiré. Ainsi préparées ces peaux résistent difficilement à l'humidité : on obvie à cet inconvénient en les soumettant à l'action de la fumée. On les suspend au-dessus de trous pratiqués dans le sol et dans lesquels on allume du bois vert.

Nouveaux procédés. — A mesure que le phénomène du tannage était mieux étudié, et partant mieux compris, on s'attacha à trouver des moyens pour hâter la conversion si lente des peaux en cuir. On divise les procédés nouveaux en deux grandes catégories : 1° les procédés chimiques, 2° les procédés physiques et mécaniques.

Dans le domaine chimique, on a pris de nombreux brevets pour l'addition de sels minéraux dans les jusées en vue d'accélérer le gonflement des peaux. L'emploi de ces substances telles que chlorures métalliques, sulfates et carbonates alcalins, acétate d'alumine, urée, etc..., donne, à l'exception du sulfate de magnésie couramment employé, des cuirs spongieux. Dans le même but d'accélération, on rend les jusées acides par l'emploi de l'acide sulfurique, de l'acide oxalique, phosphorique, carbonique, etc. Les pessimistes prétendent que tous ces procédés sont loin d'offrir le desideratum cherché et qu'ils détériorent les cuirs. On leur préfère de beaucoup les perfectionnements physiques et mécaniques émanant, pour la plupart, des directeurs de tanneries, c'est-à-dire d'hommes rompus aux diverses opérations du tannage. Ces procédés joignent à une ingéniosité réelle un côté très pratique qui les fait rechercher.

Le premier perfectionnement à la fabrication des cuirs fut proposé en 1823 par un Anglais, Francis Spilsbury qui refoulait la liqueur tannante à travers les peaux à l'aide de fortes pressions. En 1831, sir William Drake introduisit une modification à ce procédé en imaginant de coudre deux peaux ensemble à la façon d'un filtre presse, la liqueur tannante étant injectée dans cet espace clos.

En 1826, deux tanneurs anglais prirent un nouveau brevet pour hâter l'imprégnation des peaux.

Celles-ci étaient suspendues dans une cuve hermétiquement fermée dans laquelle on pouvait faire le vide à l'aide d'instruments pneumatiques. Les tissus étaient plus rapidement gonflés et le tan pénétrait ainsi plus vite dans les fibres.

En France les nouvelles méthodes sont nombreuses. Parmi les principales nous citerons le procédé par pulvérisation, qui consiste à coudre des peaux ensemble et à pulvériser sur leur surface des jus convenablement gradués. Une peau de chèvre peut être tannée en vingt-quatre heures, une peau de vache en sept jours, une peau de bœuf en quinze jours.

D'autres procédés consistent à séparer les peaux au moyen de cadres de bois, ou encore à les soulever et à les abaisser alternativement afin de faciliter l'introduction du liquide tannant, ou encore à les suspendre dans les cuves pendant que la liqueur est agitée à l'aide d'hélices.

L'action de l'électricité est jusqu'à présent contestée, car les quelques brevets qui ont été pris dans cette voie se sont montrés d'une application peu pratique ; la chaleur au contraire serait un agent puissant dans la fabrication des cuirs si les produits obtenus n'étaient pas de qualité manifestement inférieure. Toutes les expériences tentées en ce sens ont prouvé qu'on ne pouvait dépasser 30°, et encore à la condition de procéder avec beaucoup de soin et d'éviter les brusques changements de température, qui brisent le nerf et donnent des cuirs spongieux.

Un industriel avait inventé, il y a quelques années, d'utiliser le vide et la lumière combinés. Son procédé qui avait peut être du bon fut mal accueilli des tanneurs, on le ridiculisa même en lui donnant le nom de « Procédé des cuves lumineuses ». L'inventeur s'est sans doute découragé, car l'on n'a plus entendu reparler de ce projet dont l'idée, quelque peu fantaisiste de prime abord, aurait peut-être donné les meilleurs résultats.

VII

CHAGRIN. — PARCHEMIN. — VÉLIN. — CUIRS FACTICES CUIR BOUILLI, ETC.

Bien que le *parchemin*, le *vélin*, le *chagrin* ne soient pas des cuirs — puisqu'ils ne sont ni tannés, ni mégissés, ni chamoisés, — nous ne pouvons passer sous silence ces trois produits universellement répandus; ils ont d'ailleurs des connexions trop intimes avec le sujet qui nous intéresse pour que nous omettions d'en dire au moins quelques mots.

Le *chagrin*, en turc *sagri*, est surtout recherché pour sa dureté, sa résistance, et pour l'aspect particulier de sa fleur. Il semble couvert de petits points globulaires. En France on dit d'un épiderme qu'il ressemble à une peau de chagrin lorsqu'une secousse nerveuse, une maladie, a provoqué le phénomène dit de la *chair de poule*.

Les meilleurs chagrins nous viennent de Perse, de Constantinople, d'Alger, de Tripoli; leur fabrication a longtemps été tenue secrète, mais le célèbre navigateur Pallas la dévoila à la fin du siècle dernier. Les peaux, soigneusement épilées et nettoyées, sont étendues par terre, puis recouvertes de graines d'oroch sauvage (*chenopodium album*). On enfonce ces grains, qui sont extrêmement durs, dans le derme, soit à l'aide de rouleaux, soit à l'aide de pilons. La peau est ensuite raclée, trempée dans l'eau pendant deux jours, étirée et séchée. On teint le chagrin en toutes nuances.

Parchemin. — L'usage du parchemin remonte à la plus haute antiquité. Selon Hérodote, les Grecs se servaient, pour écrire, de peaux de mouton et de chèvres, et l'historien Josèphe assure que la copie des livres saints envoyée à Ptolémée Philadelphe par le grand prêtre Éléazar était écrite sur une peau de mouton séchée. Les Romains connaissaient le parchemin, et Martial, dans ses épigrammes, daube quelques poètes dont les ouvrages étaient écrits « *in membranis hellibris* ».

Selon quelques auteurs, le parchemin fut inventé à Pergame en Asie mineure, sous le règne d'Eumènes, fils d'Attalus Ier, d'où le nom de « *charta pergamena* » qu'on lui donnait dans l'antiquité. D'autres repoussent cette assertion, et prétendent que le parchemin était connu et utilisé à une époque de beaucoup antérieure, mais que ce fut à Pergame qu'on trouva le moyen de le perfectionner. Cette ville devint par la suite un grand centre de fabrication.

Le parchemin a été détrôné par le papier de chiffon et ses usages se sont beaucoup limités; les plus épais servent à faire des tambours.

Les peaux de chèvre, de mouton, d'âne, sont épilées, nettoyées, étirées sur des cadres de bois et, dans cette position, égalisées avec le couteau du corroyeur, puis enfin séchées. Comme on le voit, la préparation des parchemins est des plus élémentaires.

Le *vélin* est fait de peaux de mouton traitées comme précédemment, coupées en deux, puis poncées à la craie. C'est cette dernière opération qui donne cet aspect velouté particulier au vélin. De jolies imitations de papier vélin étaient fort à la mode ces dernières années.

Cuirs factices.— Sous ce nom de cuirs factices, nous citerons la *toile cuir*, le *carton cuir*, le *linoléum*.

La *toile cuir*, d'invention américaine, est un tissu de coton enduit d'un mélange composé d'huile de lin cuite, de colle de peau, de blanc de Meudon et de tanin.

Le *carton cuir* est un carton ordinaire, très épais, chaque feuille étant séparée par une pâte insoluble et imperméable à base de gélatine chromatée mélangée à de l'huile de lin. Ce produit est si fort et si imperméable que l'on ne craint pas de l'employer comme toiture dans les constructions provisoires.

Le *linoléum* prend de nos jours une extension considérable. C'est une sorte de feutre fabriqué avec des déchets de cuir et de liège pulvérisés, de la gélatine, de l'huile de lin.

Cuir bouilli. — Les ustensiles de ménage chez les Lapons et les Kalmouks, pour ne citer que ceux-là, sont presque tous faits en cuir ; ces poteries, extrêmement résistantes, durent très longtemps, mais elles conservent une odeur atrocement désagréable, odeur qu'elles communiquent à tous les aliments, et il faut vraiment, au dire des voyageurs, un palais dénué de toute finesse pour s'y habituer.

Les peaux, lavées et épilées au préalable, sont taillées et cousues dans la forme désirée. On fait ensuite bouillir ces ébauches de vases, puis on les sèche devant une épaisse fumée. Les Lapons, paraît-il, ont une fabrication plus soignée que celle des Kalmouks.

Le *cuir bouilli*, tel qu'on l'obtient en France, en Angleterre, et dans tous les pays civilisés, se prépare avec des déchets de cuir que l'on met à bouillir dans de la colle mêlée de résine. On moule ensuite cette sorte de pâte qui, humide, possède une grande élasticité mais qui, durcie, devient sèche et aussi dure que le bois, qu'elle remplace d'ailleurs avantageusement dans la confection de ces petits ouvrages tels que cadres, vide-poches, petits plateaux, pelles de plage pour enfants, etc., etc.

VIII

QUELQUES MOTS SUR LES MALADIES DES TANNEURS DÉCHETS DES CUIRS. — USAGES. — COMMERCE

On a accusé les tanneurs d'être réfractaires aux progrès de la science, mais il serait juste de ne pas oublier que ces hommes étaient, jusqu'au siècle dernier, relégués à la dernière place de l'échelle sociale. Cette coutume a, selon toute apparence, dû nous venir de l'Inde, où les rites religieux défendaient à la nation de se mélanger à cette caste impure qui se livrait à des besognes basses. Les Égyptiens isolaient les tanneurs et les embaumeurs de l'autre côté du Nil, dans des espaces enclos.

Notre époque a vu heureusement disparaître tous ces préjugés regrettables, et les ouvriers des tanneries comptent maintenant parmi les plus sains, les plus intelligents, en même temps que les plus aisés parmi la population ouvrière des villes.

S'il l'on en croit Ramazzini, les tanneurs d'autrefois étaient bien misérables: « Ils ont le visage blême et cadavéreux, ils « sont enflés, essoufflés, d'une couleur livide, et très sujets « aux maladies de la rate. J'en ai vu beaucoup d'hydropi- « ques. Comment, en effet, dans un lieu humide, dans un « air infecté de vapeurs putrides, où ces ouvriers restent « presque toujours, comment, dis-je, les organes vitaux et « animaux pourraient-ils rester intacts et l'économie de « tout le corps n'être pas altérée? » (Ramazzini, *Essai sur les maladies des artisans*. Trad. de Fourcroy, Paris, 1777, p. 174.)

Ce tableau si lugubre manquerait certainement d'exactitude de nos jours, car les tanneurs sont ordinairement bien découplés, jouissant d'une bonne santé. Ils sont, il est vrai, sujets à quelques maladies telles que la pustule maligne ou charbon, les panaris, le choléra des doigts, les phlegmons, etc., affections qui ont beaucoup perdu de leur gravité depuis la découverte de l'antisepsie. Parmi elles un certain nombre sont spéciales aux ouvriers des tanneries, tel, par exemple, le *rossignol* ou *pigeonneau*, dont le nom dit à lui seul la verve ironique qui, chez l'ouvrier français, s'exerce en toutes circonstances. C'est une sorte de petit pertuis, comme découpé à l'emporte-pièce, et dont les bords blancs, livides, laissent échapper une exsudation constante de gouttelettes de sang. Quant aux douleurs que cause cette plaie, on ne saurait mieux les définir qu'en les comparant à un mal de dents qui siégerait au bout des doigts. Chaque fois que l'ouvrier plonge ses mains dans l'eau additionnée de chaux, il éprouve une sensation si forte et si douloureuse qu'il laisse échapper des cris, d'où le nom de *rossignol* donné à ce mal qui, d'ailleurs, n'offre aucune gravité.

Par contre, quelques autorités médicales étrangères ont prétendu, après des recherches minutieuses commencées vers 1830, que les tanneurs jouissent d'une immunité assurée contre les affections pulmonaires, parce que les vapeurs de tan possèdent selon eux, une influence qui éloigne ou enraye la tuberculisation.

Nous avons déjà indiqué, dans le cours de cet ouvrage, les divers usages du cuir, qui, on l'a vu, sont extrêmement nombreux.

Depuis quelques années on tente, en France, une rénovation de l'art ancien. On a quitté tout le luxe douillet et capitonné de l'Empire pour reprendre les meubles de style plus sévère, les styles Renaissance, Louis XIII, etc. Autour de ces boiseries sombres la tenture s'impose et l'on s'essaye à de fort belles résurrections de cuirs de Cordoue, soit pour tapisseries, soit pour sièges. Les connaisseurs, il est vrai, ne se montrent pas satisfaits des cordouans imités; mais, lorsqu'on se résoudra, non plus à imiter mais à créer, et que des amateurs courageux imposeront la mode des tentures nouvelles, des tentures du xxe siècle, les arts industriels français auront gagné là un nouveau débouché.

L'industrie du cuir compte parmi les quatre ou cinq premières du monde. On peut dire, d'une façon générale, que chaque centre manufacturier possède une tannerie qui, à la rigueur, fournirait aux besoins locaux. Les produits français tiennent l'un des premiers rangs parmi les nations européennes; les cuirs vernis et les chevreaux mégissés sont exportés en grande quantité. Les peaux à l'état brut nous arrivent du Nouveau Monde, et les principaux centres d'exportation sont : le Havre, Marseille, Bordeaux.

Déchets des cuirs tannés. — Nous n'entendons parler ici que des débris de peaux fraîches ou tannées. Les rognures de peaux fraîches, lors du travail de rivière, sont utilisées pour la fabrication de la gélatine. Les fragments des peaux tannées sont triés par ordre de grandeur, placés les uns à côté des autres et enduits d'une colle imperméable à base de gélatine; ils sont ensuite soumis à l'action d'une forte presse hydraulique. Le cuir factice ainsi obtenu est utilisé pour les chaussures à bon marché. Lorsque ces débris sont trop petits pour être collés, on en forme une sorte de bouillie que l'on imbibe d'un mélange de colle forte et de vernis gras. Cette pâte est égouttée, puis comprimée entre deux cylindres.

On se sert aussi des rognures de cuir pour la préparation du cyanoferrure de potassium, pour le fumage des terres et la coloration de certains papiers. Un industriel a même conseillé de les réduire en masse homogène en les traitant soit avec l'acide acétique, soit avec l'acide tartrique, et de fabriquer avec cette pâte séchée des cylindres à calandrage, des rouleaux d'imprimerie, etc.

IX

CUIRS DE CORDOUE

Nous avons si souvent mentionné les cuirs de Cordoue au cours de ce petit opuscule, que nous aurions sans doute mauvaise grâce de ne pas communiquer à nos lecteurs les quelques notes que nous avons pu recueillir à ce sujet.

Le cuir de Cordoue était un cuir pour tentures, tanné, doux, à fleur très fine, quelquefois coloré et gaufré. Il fut sans doute — et c'est l'opinion la plus accréditée — importé en Espagne lors de l'occupation mauresque; il ne tarda pas à acquérir une haute réputation à partir du XIe siècle où les personnes les plus distinguées portaient des souliers de *cordouën*, d'où le nom de *cordouenier*, *cordouanier*, donné aux fabricants de chaussures.

Venise a été célèbre pour la fabrication de ses *corami d'oro* en tous points semblables aux cuirs de Cordoue et quelques auteurs même ont été jusqu'à penser que c'est en Italie que cette industrie prit naissance. M. de La Quérière écrivait en 1830 : « Les uns pensent que ce genre de déco« ration a pris naissance à Venise, où il s'en fabriquait en « grande quantité; les autres prétendent que les premières « tentures de cuir doré qui ont paru en France venaient « d'Espagne, et que ce sont les Espagnols qui en sont les « inventeurs. Rien donc de certain à cet égard. »

M. le baron Davilliers n'admet aucun doute sur l'origine de cet art, et il a essayé de montrer « que la priorité de cette « curieuse fabrication appartient à ce pays, autrefois beau« coup plus industrieux qu'on ne le pense généralement et « dont les produits sont trop souvent méconnus. Au moyen « âge on donnait en France le nom de *cordouans, cordouëns,* « aux cuirs qu'on employait pour divers usages, parce que « les plus estimés venait de Cordoue. »

Un passage cité par M. de Laborde, en 1853, montre que le mot *cordouan* était employé dès le XIe siècle, et que, déjà, l'on savait que c'était dans cette ville qu'on avait commencé à les fabriquer : « *Alutarii dicuntur qui ope-* « *rantur in alluta quod est gallice* CORDUAN *alio modo dicitur* « *cordubunum, a Corduba, civitate Hispaniæ* UBI FIERBAT « *primo* 1180. »

Un auteur italien, Tomaso Cazoni, qui écrivait en 1560, dit, au sujet des corami d'oro, qu'on croyait de son temps que l'art des cuirs dorés avait commencé en Espagne. « Ceux « qui trouvèrent l'art des cuirs dorés, cet art si noble et si « estimé de nos jours, méritent vraiment beaucoup de gloire « et d'honneur. Quelques-uns prétendent que le commen« cement et l'origine de ce très noble travail sont dus à « l'Espagne, parce que c'est de ce pays que sont venus les « meilleurs maîtres qui, dans les temps modernes, ont « atteint le plus de renommée dans cet art. »

Donc, à notre avis, il est hors de doute que l'art des cuirs dorés ne soit d'origine mauresque; mais nous pensons aussi qu'il est très possible que les Vénitiens, au cours de leurs relations commerciales avec le Levant, aient appris les procédés de fabrication des cuirs dorés, directement des indigènes, et non pas à travers l'Espagne.

Au moyen âge, les villes de Ciudad-Real, Valladolid,

Séville, Barcelone, Lerida, étaient également renommées pour leurs produits, mais Cordoue étant le grand centre d'exportation, il n'est pas étonnant qu'on ait donné aux cuirs espagnols le nom de cette ville. En langue castillane on désignait les cuirs dorés par les mots *guadamecil*, *guadamaci*, *brocados* et *cuero*. D'après Cobarrubreis, les mots *guademecil*, *guadamaci*, viendraient d'un petit village d'Andalousie, *Guadameci*, où se « dut inventer le travail des cuirs dorés ». Mais M. Duveyrier, le voyageur bien connu, a visité, lors d'un voyage en Afrique, un village du Maroc appelé Guadamès qui gardait des traces de civilisation mauresque. Cette découverte induirait donc à penser que les Maures ont non seulement apporté avec eux les procédés de fabrication, mais encore le nom de ces produits qui devaient acquérir une si grande renommée au XVIe siècle et au XVIIe. En France, surtout, ils étaient extrêmement recherchés; on les appelait cuirs dorés ou cuirs d'or, cuirs argentés et figurés, cuirs de mouton argentés, frisés de figures de rouge, souvent encore or basané, ainsi qu'en témoigne cet ancien Noël où l'auteur nous dit, parlant de la Vierge :

Au moins est-elle bien coiffée
De fins raizeaux?
Et sa couche est-elle estoffée
De beaux rideaux?
Son ciel n'est-il pas de brodeure
Tout campané?
N'a-t-il pas aussi pour bordeure
L'or basané?

Les procédés de fabrication ont été pendant longtemps tenus secrets, les ouvriers veillant à ce qu'aucun étranger ne pénétrât dans leurs ateliers. Fioraventi, le premier, nous apprend dans son *Specchio universale* (Venezia 1564), que les cuirs tannés étaient frisés, roulés au petit fer, peints, puis dorés par couches. Cette industrie fut au plus haut point florissante en Espagne, jusqu'à ce que Philippe III eût expulsé les Maures de son royaume, en 1610, après quoi elle ne tarda pas à péricliter, et dès lors les ateliers furent envahis par une foule d'étrangers venus là pour apprendre cet art si magnifique et pour doter leurs pays de cette nouvelle source de richesse. En 1619, un économiste espagnol, Sancho de Nonenda, se plaignait amèrement de voir la place des expulsés déjà prise par les étrangers.

Il proposa même des mesures énergiques qui ne furent pas prises, et l'incurie des habitants ne tarda pas à laisser se perdre une fabrication qui faisait leur fortune.

A Barcelone, cette industrie dura plus longtemps, car on en trouve encore des traces en 1779, mais ces cuirs ont à lutter contre une concurrence acharnée de produits qui sont fabriqués aussi beaux dans les Flandres, en Italie, en Allemagne et à Paris.

L'importation, par cela même, se ralentit peu à peu et, la mode aidant, cette fabrication se perdit petit à petit, en Espagne d'abord, puis partout.

L'art des cuirs dorés, des cordouans dorés, est à jamais perdu.

Le Gérant : Henri Gautier.

Imp. Noizette et Cie, 8, rue Campagne-Première, Paris.

IMP. NOIZETTE ET Cie, 8, RUE CAMPAGNE-1re, PARIS.

www.ingramcontent.com/pod-product-compliance
Ingram Content Group UK Ltd.
Pitfield, Milton Keynes, MK11 3LW, UK
UKHW021027200726
13857UKWH00004B/1635